EIN LEBENDER ORGANISMUS NAMENS ERDE

Die Geophysik des Planeten

JOSÉ RUIZ WATZECK

Impressum © 2023 JOSÉ RUIZ WATZECK

Alle Rechte vorbehalten

Die in diesem Buch dargestellten Figuren und Ereignisse sind fiktiv. Jegliche Ähnlichkeit mit lebenden oder toten realen Personen ist zufällig und nicht vom Autor beabsichtigt.

Kein Teil dieses Buches darf ohne ausdrückliche schriftliche Genehmigung des Herausgebers reproduziert oder in einem Abrufsystem gespeichert oder in irgendeiner Form oder auf irgendeine Weise elektronisch, mechanisch, fotokopiert, aufgezeichnet oder auf andere Weise übertragen werden.

Coverdesign von: WATZECK HOME STUDIUS DIGITAL

EIN LEBENDER ORGANISMUS NAMENS ERDE

Die Geophysik des Planeten

Copyright © 2023 JOSÉ RUIZ WATZECK

Deutsche Version

W353o Watzeck, José Ruiz, 1977

Ein lebender Organismus namens Erde - Die Geophysik des Planeten - José Ruiz Watzeck

1. Ausgabe - São Paulo, Brasilien 2023.
E-Book 2,29 MB
Englische Version

1. Geopolitik. 2. Der strategische Wert der Ionosphäre.

IA Lebender Organismus namens Erde - Die Geophysik des Planeten

CDD: 550

ZUSAMMENFASSUNG

Kapitel 1 – Die Stürme
Kapitel 2 - Antarktis
Kapitel 3 – Planktons und Phytoplanktons
Kapitel 4 - Der Amazonaswald
Kapitel 5 – Das Feuer
Kapitel 6 - Die Sonne
Kapitel 7 - Die Erdatmosphäre
Kapitel 8 - Menschen
Bibliografische Referenzen

JOSÉ RUIZ WATZECK

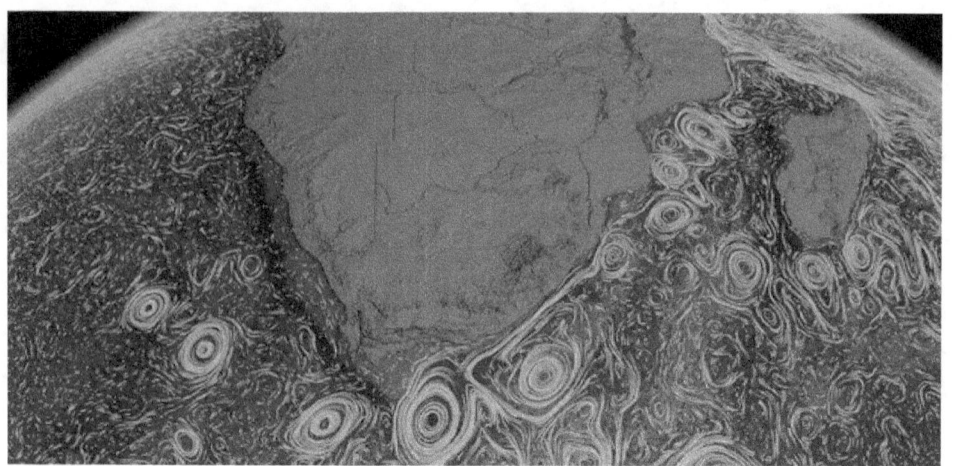

VORWORT

Natürliche und verborgene Phänomene, die unseren Planeten verwüsten, ermöglichen es uns jetzt dank der fortschrittlichsten Technologien, sie auf beispiellose Weise zu untersuchen, Satelliten scannen den gesamten Planeten und enthüllen eine enorme Fülle von Details. Noch nie in der Geschichte der Menschheit hatten wir einen Bericht über diesen Planeten, einen lebendigen und dynamischen Organismus mit höchst relevanten Eigenschaften. In dieser Arbeit werden wir wissen, wie der ganze Planet miteinander verbunden ist, wie alles eng miteinander verbunden ist, von einem Punkt zum anderen des Globus, durch Technologie, wir werden in die Ozeane eintauchen und gemeinsam werden wir verstehen, was die Sahara-Wüste ist stört den Amazonas, was die riesigen Eisplattformen in der Antarktis zur Aufrechterhaltung eines harmonischen Klimas der Meerestemperaturen beitragen, weil das natürlich erzeugte Feuer zur Erneuerung der unterschiedlichsten Arten von Leben auf der Erde beiträgt, wie und warum sie in der Morgendämmerung entstehen, wie die globale Cline wirklich funktioniert, bei der die Meeresströmungen in die Wärmeverteilung auf die Hemisphären eingreifen. Lassen Sie uns verstehen, warum eine der Schichten der Erde, die als Ionosphäre bekannt ist und aus Wasserstoff und Helium besteht, als elektrischer Leiter fungiert und die gesamte Blitzladung in der Atmosphäre des gesamten Planeten verteilt. Die chemischen Reaktionen der Wolken und was die elektrischen Entladungen mit der Bildung von Nitrat zu tun haben. Diese Satelliten zeigen uns die von unserem Stern emittierte Energie, die ultraviolette Strahlung, Bruchstücke von Protonen, Elektronen und Neutronen, die vom Weltraum verworfen wurden, elektromagnetische Impulse und den Ausstoß von koronaler Masse.

Von nun an werden wir auf die Hilfe einer Reihe von Satelliten zählen, damit wir auf wissenschaftliche Weise verstehen können, wie unser Planet funktioniert. Jede Sekunde erfassen, messen und übertragen diese Geräte Tausende von Terabyte an Daten, und nur mit diesen Daten können wir zum ersten Mal eine digitale Analyse des Planeten Erde durchführen.

Damit wir diese Studie sequenzieren können, müssen wir wissen, welches diese Werkzeuge sind, die die Erde umkreisen, und wenn es sie nicht gäbe, wäre diese Studie niemals möglich.

Der erste Satellit, der uns hilft, das Klima zu verstehen, ist die Erde (EOS SER-2), ein multinationales NASA-Forschungsprojekt, das sich hauptsächlich auf das Earth Observing System (EOS) konzentriert. Der Satellit wurde am 18. Dezember 1999 an Bord der Atlas auf der Vandenberg Air Base gestartet

II, und begann am 24. Februar 2000 (EOS) mit der Datensammlung. Die Erde trägt eine Last von fünf entfernten Sensoren, die dafür ausgelegt sind MonitorDie Umwelt der Erde und der Klimawandel. Dieser Satellit führte zu über 15 Jahren Analyse und Datenerfassung.

Die anderen Satelliten sind Aqua (EOS PM-1), eine multinationale Vermessung von Satelliten im Orbit um die Erde, entworfen von der NASA, mit dem Ziel, Niederschlag, Verdunstung und den Wasserkreislauf zu analysieren. Es ist die zweite Hauptkomponente des Earth Observation System (EOS) direkt nach der Erde (gestartet 1999). Aqua wurde am 4. Mai 2002 von Vandenberg Air an Bord einer an eine Delta II gekoppelten Boeing gestartet. Der heliumsynchron umlaufende Satellit. Es umkreist in einer Höhe von 705 km und führt eine Formation namens "Zug" mit mehreren anderen Satelliten (Aura, CALIPSO, CloudSat und dem französischen PARASOL) an. Es verfügt über sechs Instrumente zur Untersuchung von Wasser an der Oberfläche und der Erdatmosphäre.

Aura(EOS CH-1) ist ein multinationales Forschungsprojekt der NASA. Der Satellit befindet sich im Orbit um den Planeten Erde und analysiert die Ozonschicht, die Luftqualität und das Klima. Es ist die dritte Hauptkomponente des Earth Observing System (EOS), Sein Erstezwei:

ERDE (freigegeben in1999) bzw. Aqua (eingeführt 2002). Der Name „Aura" kommt vom lateinischen Wort für „Luft". Der Satellit wurde gestartet a t Vandenberg Air am 15. Juli 2004 an Bordeine Boeing Delta II 7920-10L Rakete. Die Aura kreist mit dem sogenannten „A-Train", einem Satz mehrerer anderer Satelliten, die vier Instrumente für Studien der atmosphärischen Chemie tragen.

Wir haben auch das SDO (Solar Dynamics Observatory), eine unbemannte Sonde der NASA, die die Prozesse der Sonne untersucht, die sich direkt auf das Leben auf der Erde auswirken, und deren Start am 11. Februar 2010 in Cape Canaveral stattfand. Sie enthält vier Teleskope, die in ihre Struktur eingebettet sind , zwei Sonnenkollektoren und zwei Langstreckenantennen. Zu seinen Hauptinstrumenten gehören das Extreme Ultraviolet Variability Experiment, das die ultraviolette Strahlung des Sterns in hoher Auflösung messen wird, der Heliosmatic and Magnetic Imager, der die Variation und Eigenschaften des Sonneninneren und die Komponenten der magnetischen Aktivität auf ihm untersuchen wird Oberfläche. Darüber hinaus trägt es die revolutionäre Atmospheric Imaging Assembly, die in der Lage ist, Bilder der gesamten Sonnenscheibe in ultravioletten und infraroten Streifen zu übertragen, die zuvor von ihren Vorgängern nicht erreicht wurden.

KAPITEL 1 – DIE STÜRME

Im August 2005, etwa 400 Kilometer vor der Nordwestküste Afrikas, in einem vulkanischen Archipel, liegt die Insel Kap Verde, zur heißesten Zeit des Jahres, in einem Zeitraum von 72 Stunden erschüttern Stürme das hiesige Ozeanwasser. Ein Haufen riesiger Wolken beginnt sich zu bilden, ein riesiges Ereignis, das die ganze Welt betreffen wird, nur mit den letzten Worten der Weltraumtechnologie war es möglich, solche Phänomene zu verstehen. Etwa 700 Kilometer hoch registriert der Aqua-Satellit eine Erhöhung der Wassertemperatur, die mit einem Infrarot-Scansystem darauf hinweist, dass der Ozean die kritische Temperatur von 26 Grad erreicht hat, wobei sich große Flächen stärker aufheizen, sehr schnell zu verdampfen beginnt, diesen Dampf aufnimmt Wärme des Ozeans wird sofort an die Luft übertragen. Bei großer Kapazität beginnt Wasser, Energie zu transportieren, die anderswo auf der Welt zu totaler Zerstörung führen wird. Die Besonderheit dieses Satelliten (Aqua), Wasserdampf zu verfolgen, zeigt uns nur einen kleinen spezifischen Maßstab einer Wechselwirkung zwischen Ozean, Luft und Sonne, ohne dass ein Mensch in der Lage wäre, das bloße Auge zu sehen. Etwa 200 Tonnen Wasser werden pro Stunde verdunstet. Ein Prozess, der im Vergleich zu einem bescheidenen Kernkraftwerk Energie verbraucht, 1000 Meter über ihm wird dieser Dampf zu Wolkenformen kondensiert, wodurch Wärme freigesetzt und die Lufttemperatur um mehrere

Grad erhöht wird. Wenn sich die Luft erwärmt, beginnen starke vertikale Winde zu entstehen, die diese Wolken auf etwa 15 Kilometer Höhe anheben, da die Sturmzelle den Effekt der Erdrotation auf die Rotationskraft erhöht. Diese gigantischen Wolken, die in kreisförmiger Form verschmelzen, in diesem Moment erleben wir die Geburt von a Die Besonderheit dieses Satelliten (Aqua), Wasserdampf zu verfolgen, zeigt uns nur einen kleinen spezifischen Maßstab einer Wechselwirkung zwischen Ozean, Luft und Sonne, ohne dass ein Mensch in der Lage wäre, das bloße Auge zu sehen. Etwa 200 Tonnen Wasser werden pro Stunde verdunstet. Ein Prozess, der im Vergleich zu einem bescheidenen Kernkraftwerk Energie verbraucht, 1000 Meter über ihm wird dieser Dampf zu Wolkenformen kondensiert, wodurch Wärme freigesetzt und die Lufttemperatur um mehrere Grad erhöht wird. Wenn sich die Luft erwärmt, beginnen starke vertikale Winde zu entstehen, die diese Wolken auf etwa 15 Kilometer Höhe anheben, da die Sturmzelle den Effekt der Erdrotation auf die Rotationskraft erhöht. Diese gigantischen Wolken, die in kreisförmiger Form verschmelzen, in diesem Moment erleben wir die Geburt von a Die Besonderheit dieses Satelliten (Aqua), Wasserdampf zu verfolgen, zeigt uns nur einen kleinen spezifischen Maßstab einer Wechselwirkung zwischen Ozean, Luft und Sonne, ohne dass ein Mensch in der Lage wäre, das bloße Auge zu sehen. Etwa 200 Tonnen Wasser werden pro Stunde verdunstet. Ein Prozess, der im Vergleich zu einem bescheidenen Kernkraftwerk Energie verbraucht, 1000 Meter über ihm wird dieser Dampf zu Wolkenformen kondensiert, wodurch Wärme freigesetzt und die Lufttemperatur um mehrere Grad erhöht wird. Wenn sich die Luft erwärmt, beginnen starke vertikale Winde zu entstehen, die diese Wolken auf etwa 15 Kilometer Höhe anheben, da die Sturmzelle den Effekt der Erdrotation auf die Rotationskraft erhöht. Diese gigantischen Wolken, die in kreisförmiger Form verschmelzen, in diesem Moment erleben wir die Geburt von a ohne dass ein Mensch mit bloßem Auge sehen kann. Etwa 200 Tonnen Wasser werden pro Stunde verdunstet. Ein Prozess, der im Vergleich zu einem bescheidenen Kernkraftwerk Energie verbraucht, 1000 Meter über ihm wird dieser Dampf zu Wolkenformen kondensiert, wodurch Wärme freigesetzt und die Lufttemperatur um mehrere Grad erhöht wird. Wenn sich die Luft erwärmt, beginnen starke vertikale Winde zu entstehen, die diese Wolken auf etwa 15 Kilometer Höhe anheben, da die Sturmzelle den Effekt der Erdrotation auf die Rotationskraft erhöht. Diese gigantischen Wolken, die in kreisförmiger Form verschmelzen, in diesem Moment erleben wir die Geburt von a ohne dass ein Mensch mit bloßem Auge sehen kann. Etwa 200 Tonnen Wasser werden pro Stunde verdunstet. Ein Prozess, der im Vergleich zu einem bescheidenen Kernkraftwerk Energie verbraucht, 1000 Meter über ihm wird dieser Dampf zu Wolkenformen kondensiert, wodurch Wärme freigesetzt und die Lufttemperatur um mehrere Grad erhöht wird. Wenn sich die Luft erwärmt, beginnen starke vertikale Winde zu entstehen, die diese Wolken auf etwa 15 Kilometer Höhe anheben, da die Sturmzelle den Effekt der Erdrotation auf die Rotationskraft erhöht. Diese gigantischen Wolken, die in kreisförmiger Form verschmelzen, in diesem Moment erleben wir die Geburt von a Wärme freisetzen und die Lufttemperatur um mehrere Grad erhöhen. Wenn sich die Luft erwärmt, beginnen starke vertikale Winde zu entstehen, die diese Wolken auf etwa 15 Kilometer Höhe anheben, da die Sturmzelle den Effekt der Erdrotation auf die Rotationskraft erhöht. Diese gigantischen Wolken, die in kreisförmiger Form verschmelzen, in diesem Moment erleben wir die Geburt von a Wärme freisetzen und die Lufttemperatur um mehrere Grad erhöhen. Wenn sich die Luft erwärmt, beginnen starke vertikale Winde zu entstehen, die diese Wolken auf etwa 15 Kilometer Höhe anheben, da die Sturmzelle den Effekt der Erdrotation auf

die Rotationskraft erhöht. Diese gigantischen Wolken, die in kreisförmiger Form verschmelzen, in diesem Moment erleben wir die Geburt von a
Hurrikan. Aus den von den Satelliten gesendeten Daten können wir schließen, dass ein Hurrikan ein riesiges Kraftwerk ist, das von der Natur produziert wird. Von der ISS (Internationale Raumstation) überwacht und begleitet und ins Portugiesische (Internationale Raumstation) übersetzt, bewegt sich der Hurrikan schnell über den Atlantik in Richtung Südost-Nordamerika, in wenigen Stunden dringt er in den Golf von Mexiko ein, wo wärmere Gewässer dies verstärken Sturm. Im Moment können wir sagen, dass die Menschen an diesem Ort dabei sind, die Kraft der Sonne im Ozean zu erleben.

In diesem Moment ist einer der verheerendsten Hurrikane in der Region, Hurrikan Katrina,Ein tropischer Sturm, der Kategorie drei auf der Saffir-Simpson-Landskala und Kategorie fünf im Atlantik erreichte, mit Böen von mehr als 280 Stundenkilometern und einem niedrigeren Druck von 902 mbar1, hinterließ die Zahl von 1.883 Toten und erreichte die Gebiete vonBahamas, Südflorida, New Orleans, Alabama, Mississippi, Louisiana. Dies ist die physikalische Fähigkeit des Wassers, Energie zu speichern und abzugeben. Dieses Phänomen war jedoch verheerend für die Menschen vor Ort, die Welt verdankt ihr Leben dem Prozess, der den Sturm erzeugte, aus dem einfachen Grund, dass, wenn der Ozean eine zu hohe Temperatur erreicht, diese Stürme sein Ventil sind, das die Wärme um den Planeten verteilt und das globale Klima auszugleichen. Dieser spezielle Hurrikan trug dazu bei, weite Teile des Atlantiks auf über 4 °C abzukühlen und den Ozean wieder ins Gleichgewicht zu bringen. Und dieses Phänomen ist nur ein kleines Detail in einem äußerst komplexen und durch die Satelliten können wir bestätigen, dass alles auf planetarische Weise miteinander verbunden ist, buchstäblich sind es diese verborgenen Verbindungen, die uns am Leben erhalten.

Während die Erde um ihre Achse kreist, erfassen und analysieren mehrere Satelliten zahlreiche Daten wie Temperatur, elektrische Ladungen, Drücke und sogar den langsamen Prozess der Kontinentaldrift. Durch Technologie können wir verstehen, warum Teile der Pflanze fruchtbar und andere vollständig tot sind.
São Paulo, Monat Juni, 22º C, die Bürger beginnen einen weiteren Arbeitstag, mit Winden unter 12 km, etwas mehr als 14.000 km von diesem Punkt, in der Stadt Delhi in Indien leiden die Einwohner unter sintflutartigen Regenfällen In wenigen Minuten werden die Straßen überflutet und unpassierbar, im selben Moment verwüstet ein Waldbrand den Norden Australiens und an der Küste Chinas, genauer gesagt in der Stadt Shanghai, heimsuchen Hagelstürme die Region.

Vor der Technologie schienen solche Ereignisse keine Verbindung zwischen ihnen zu haben, obwohl sie tatsächlich alle miteinander verbunden sind. Mit der Kreuzung von Daten von fünf verschiedenen Satelliten enthüllt es eine Schicht des Systems, die dynamische Atmosphäre, die die ganze Welt einkapselt. Mit all diesen Daten können wir beobachten, wie die Atmosphäre die Feuchtigkeit entlang des Planeten transportiert, wie Dampf unsichtbar ist, nur mit Satellitenbildern können wir diesem Phänomen folgen. Wenn wir diese Daten auf ein Modell mit der Form der Erde anwenden, ergeben sich neue Perspektiven, jedes globale Klima wird durch einen einzigen Prozess geleitet, die Region um den Äquator erhält die höchste Sonneneinstrahlung und produziert etwa 65% des gesamten Dampfes , der immer gleich gefühlvoll den Polen entgegen reist, geleitet von dominanten Winden und Planetenrotation. Auf der im Uhrzeigersinn drehenden

Nordhalbkugel erstrecken sich große Dampfspiralen über mehr als 3.000 km, bereits auf der gegen den Uhrzeigersinn drehenden Südhalbkugel sucht die Erde nach einem Gleichgewicht, das es nie geben wird. Wenn diese dampfbeladenen Winde die kontinentalen Massen des Planeten erreichen, werden an jedem Ort spezifische klimatische Bedingungen erzeugt. Wir können als Beispiel das Ende Juli in Westindien anführen, die heiße und feuchte Luft wird von einer Bergschicht namens Catis nach oben gedrückt, gigantische Wolken steigen auf, das Ergebnis dieses Phänomens sind die Monsunregen, Billionen Tonnen Wasser stürzen ab Himmel, der die trockene Region in fruchtbare Ebenen verwandelt, in China profitieren dank dieser Regenfälle Tausende von Reisfeldern, die Nahrung für mehr als 3,6 Milliarden Menschen bringen, fast die Hälfte der Weltbevölkerung. Auf der anderen Seite. Große Dampfspiralen erstrecken sich über mehr als 3.000 km, bereits auf der Südhalbkugel drehend gegen den Uhrzeigersinn, sucht die Erde nach einem Gleichgewicht, das niemals erreicht werden wird. Wenn diese dampfbeladenen Winde die kontinentalen Massen des Planeten erreichen, werden an jedem Ort spezifische klimatische Bedingungen erzeugt. Wir können als Beispiel das Ende Juli in Westindien anführen, die heiße und feuchte Luft wird von einer Bergschicht namens Catis nach oben gedrückt, riesige Wolken steigen auf, das Ergebnis dieses Phänomens sind die Monsunregen, Billionen Tonnen Wasser stürzen ab Himmel, der die trockene Region in fruchtbare Ebenen verwandelt, in China profitieren dank dieser Regenfälle Tausende von Reisfeldern und bringen Nahrung für mehr als 3,6 Milliarden Menschen, fast die Hälfte der Weltbevölkerung. Auf der anderen Seite. Große Dampfspiralen erstrecken sich über mehr als 3.000 km, bereits auf der Südhalbkugel drehend gegen den Uhrzeigersinn, sucht die Erde nach einem Gleichgewicht, das niemals erreicht werden wird. Wenn diese dampfbeladenen Winde die kontinentalen

Massen des Planeten erreichen, werden an jedem Ort spezifische klimatische Bedingungen erzeugt. Wir können als Beispiel das Ende Juli in Westindien anführen, die heiße und feuchte Luft wird von einer Bergschicht namens Catis nach oben gedrückt, riesige Wolken steigen auf, das Ergebnis dieses Phänomens sind die Monsunregen, Billionen Tonnen Wasser stürzen ab Himmel, der die trockene Region in fruchtbare Ebenen verwandelt, in China profitieren dank dieser Regenfälle Tausende von Reisfeldern und bringen Nahrung für mehr als 3,6 Milliarden Menschen, fast die Hälfte der Weltbevölkerung. Auf der anderen Seite. Bereits auf der gegen den Uhrzeigersinn rotierenden Südhalbkugel sucht die Erde nach einem Gleichgewicht, das niemals erreicht werden kann. Wenn diese dampfbeladenen Winde die kontinentalen Massen des Planeten erreichen, werden an jedem Ort spezifische klimatische Bedingungen erzeugt. Wir können als Beispiel das Ende Juli in Westindien anführen, die heiße und feuchte Luft wird von einer Bergschicht namens Catis nach oben gedrückt, riesige Wolken steigen auf, das Ergebnis dieses Phänomens sind die Monsunregen, Billionen Tonnen Wasser stürzen ab Himmel, der die trockene Region in fruchtbare Ebenen verwandelt, in China profitieren dank dieser Regenfälle Tausende von Reisfeldern und bringen Nahrung für mehr als 3,6 Milliarden Menschen, fast die Hälfte der Weltbevölkerung. Auf der anderen Seite. Bereits auf der gegen den Uhrzeigersinn rotierenden Südhalbkugel sucht die Erde nach einem Gleichgewicht, das niemals erreicht werden kann. Wenn diese dampfbeladenen Winde die kontinentalen Massen des Planeten erreichen, werden an jedem Ort spezifische klimatische Bedingungen erzeugt. Wir können als Beispiel das Ende Juli in Westindien anführen, die heiße und feuchte Luft wird von einer Bergschicht namens Catis nach oben gedrückt, riesige Wolken steigen auf, das Ergebnis dieses Phänomens sind die Monsunregen, Billionen Tonnen Wasser stürzen ab Himmel, der die trockene Region in fruchtbare Ebenen verwandelt, in China profitieren dank dieser Regenfälle Tausende von Reisfeldern und bringen Nahrung für mehr als 3,6 Milliarden Menschen, fast die Hälfte der Weltbevölkerung. Auf der anderen Seite. Wenn diese dampfbeladenen Winde die kontinentalen Massen des Planeten erreichen, werden an jedem Ort spezifische klimatische Bedingungen erzeugt. Wir können als Beispiel das Ende Juli in Westindien anführen, die heiße und feuchte Luft wird von einer Bergschicht namens Catis nach oben gedrückt, riesige Wolken steigen auf, das Ergebnis dieses Phänomens sind die Monsunregen, Billionen Tonnen Wasser stürzen ab Himmel, der die trockene Region in fruchtbare Ebenen verwandelt, in China profitieren dank dieser Regenfälle Tausende von Reisfeldern und bringen Nahrung für mehr als 3,6 Milliarden Menschen, fast die Hälfte der Weltbevölkerung. Auf der anderen Seite. Wenn diese dampfbeladenen Winde die kontinentalen Massen des Planeten erreichen, werden an jedem Ort spezifische klimatische Bedingungen erzeugt. Wir können als Beispiel das Ende Juli in Westindien anführen, die heiße und feuchte Luft wird von einer Bergschicht namens Catis nach oben gedrückt, riesige Wolken steigen auf, das Ergebnis dieses Phänomens sind die Monsunregen, Billionen Tonnen Wasser stürzen ab Himmel, der die trockene Region in fruchtbare Ebenen verwandelt, in China profitieren dank dieser Regenfälle Tausende von Reisfeldern und bringen Nahrung für mehr als 3,6 Milliarden Menschen, fast die Hälfte der Weltbevölkerung. Auf der anderen Seite. Das Ergebnis dieses Phänomens sind die Monsunregen, Billionen Tonnen Wasser fallen vom Himmel und verwandeln die trockene Region in fruchtbare Ebenen. In China profitieren dank dieser Regenfälle Tausende von Reisfeldern und bringen mehr als 3,6 Milliarden Menschen Nahrung Menschen, fast die Hälfte der Weltbevölkerung. Auf der anderen Seite. Das Ergebnis dieses Phänomens sind die Monsunregen, Billionen Tonnen Wasser fallen vom Himmel und verwandeln die trockene Region in fruchtbare Ebenen. In China profitieren dank dieser Regenfälle Tausende von Reisfeldern und bringen mehr als 3,6 Milliarden Menschen Nahrung Menschen, fast die Hälfte der Weltbevölkerung. Auf der anderen Seite.

Auf der Seite des Globus müssen die Winde die riesigen Anden überqueren, um den zentralen Teil von Chile zu erreichen. Die Höhe beseitigt die Feuchtigkeit aus der Luft, die aus einer der trockensten Regionen der Welt, der Atacama-Wüste, stammt, mit einem Punkt, an dem noch nie Regenfälle registriert wurden. Steam ist eine der wichtigsten Wartungskräfte der Welt, aber es ist nur eine von einem viel komplexeren System.

Die eisigen Temperaturen an den Polen und die Hitze am Äquator haben eine Schwankung von mehr als 72 ° C. Dank dieser Schwankungen werden die gesamte Luft und das gesamte Wasser rund um den Planeten geleitet, wodurch unsichtbare und unerwartete Mechanismen zur Erhaltung des Lebens auf der Erde entstehen .

Um die nächste Komponente zu verstehen und sie aus einer anderen außergewöhnlichen Perspektive zu analysieren, müssen wir in den Süden des Planeten gehen.

In der Nähe der antarktischen Region, wo die Plaga unter dem Einfluss eines immensen Wirbelsturms mit kontinentalen Ausmaßen leidet, tritt eines der relevantesten Beispiele in den Gewässern bei 60º Süd auf, der Sturm des 60º Breitengrads, die am stärksten bewegten und aggressivsten Meere der Erde, wo anhaltende Winde und Stürme den Antarktischen Ozean mit unaufhörlicher Wut peitschen und mehr als 130 Millionen Tonnen Wasser pro Sekunde aufwirbeln, wird dieser gesamte Prozess durch die Wärmebewegung angetrieben, die vom Äquator zu den Polen wandert.

JOSÉ RUIZ WATZECK

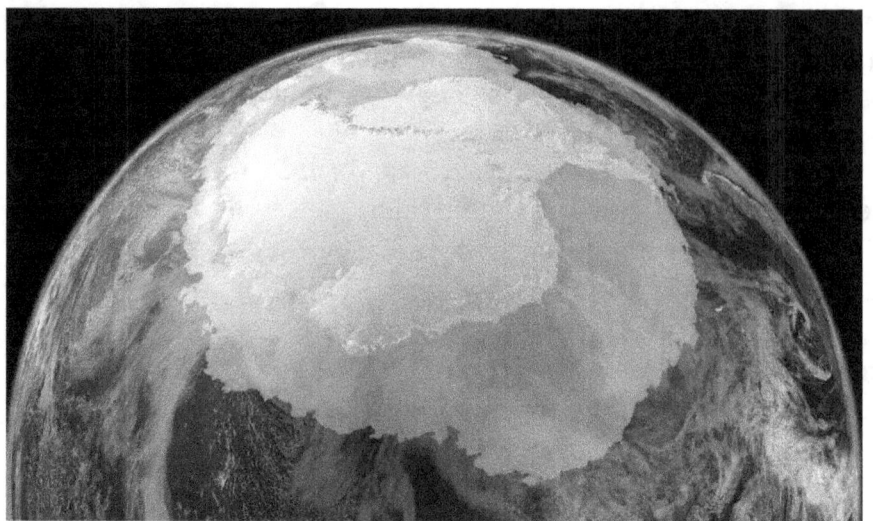

Antarktischer Kontinent (NASA-Bild, Satellit Aqua)

KAPITEL 2 - ANTARKTIS

Bevor wir unsere Studie fortsetzen, ist es wichtig, dass wir die Unterschiede zwischen dem arktischen Kontinent und dem antarktischen Kontinent kennen. Lassen Sie uns das Bild unten analysieren ...

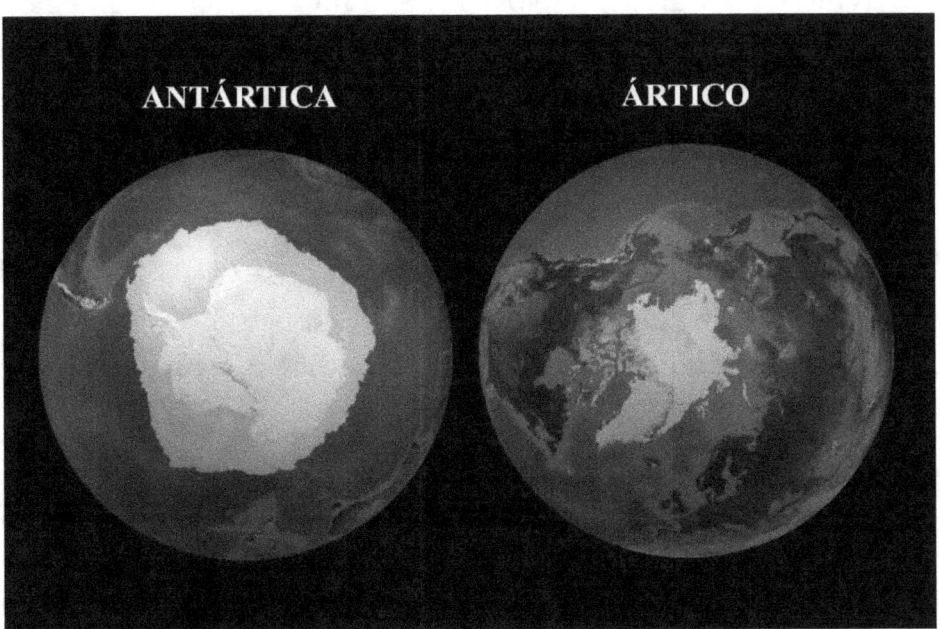

Quelle:Goddard SpaceFlightCenter der NASA

Einige Besonderheiten zwischen den beiden Kontinenten sind; die Arktis hat keine Landmasse, es ist eine kontinentale Eismasse, die über dem Ozean schwimmt, es ist mit acht Inseln um es herum integriert, sie sind;

Grönland, Ellesmere Island, Vitoria Island, Bank Island, Wrangel Island, Sévernaya Zemlyá Island, Francisco José Land, Spitzbergen. In dieser Region finden wir die majestätischen Eisberge und die berühmten Gletscher.Die auf dem nördlichen Kontinent lebende Bevölkerung ist sehr vielfältig und besteht aus Menschen, die sich in der Beringstraße und Grönland niedergelassen haben. In dieser Region leben ungefähr 135.000 Menschen. Die charakteristischste Fauna der Arktis sind die Eisbären, die Jahr für Jahr kommen und ihr Kontingent aufgrund von Klimaveränderungen und Nahrungsmangel reduzieren. Das Klima in der Arktis weist das ganze Jahr über große Schwankungen auf. Im äußersten Norden des Planeten gelegen und aufgrund der Neigung der Erdachse bleiben einige Punkte im Winter im Dunkeln. Selbst im Sommer erreicht die Region nur wenig Sonnenlicht, so dass die Sonnenenergie nur gering ist und viel davon durch die Farbe des Eises in den Weltraum zurückgeworfen wird. Das ganze Jahr über o strahlt die Arktis mehr Wärme ab, als sie empfängt, und der größte Teil seiner Wärme stammt aus den Tropen durch atmosphärische und maritime Zirkulation. Skandinavien ist aufgrund des Einflusses des Golfstroms die wärmste arktische Region.

Die Winter sind lang und kalt und die Sommer kurz und kühl, aber es gibt wichtige regionale Unterschiede . Die Luftfeuchtigkeit beträgt im Allgemeinen niedrig und Niederschlagknapp ist, erhalten einige Gebiete weniger als 50 Millimeter Regen pro Jahr. Im Sommer verdunstet der Regen aufgrund niedriger Temperaturen und gefrorener Böden (Permafrost) nicht so schnell, verhindert seine Aufnahme und erzeugt große Sumpfgebiete. Dazu trägt auch das Auftauen des Winterschnees bei und Überschwemmungen in großem Ausmaß sind häufig. Die Schneeansammlung im Winter ist sehr variabel und hängt hauptsächlich von der Geographie, der Luftfeuchtigkeit und der Windstärke ab.

Die Arktis wurde vom Klimawandel beeinflusst, was zum Zurückziehen der gefrorenen Kappe über dem Arktischen Ozean und zur Freisetzung von geschmolzenem Permafrost führte. Im September 2007 wurde ENVISAT, die größte Schmelze im Arktischen Ozean, von einem Satelliten der ESA (Europäische Weltraumorganisation) aufgezeichnet. Seit einigen Jahren gibt es im arktischen Raum eine galoppierende Schmelze, etwa die Hälfte des grönländischen Eisschildes schmilzt im Sommer in seiner oberflächlichen Schicht, aber im Jahr 2012 zeigten 97% der Mantelfläche Abschmelzgrade, die das erreichten Höhere und kältere Teile, ein Phänomen, das die Risiken einer Umweltkatastrophe erhöht und die Geschwindigkeit der Verdrängung von Gletschern in Richtung Meer erhöht als ein unmittelbare Folge, Arktis.

Die raue See des antarktischen Kontinents birgt ein überraschendes Geheimnis, das die ganze Welt betrifft. Mit Verlängerung von
14.000.000 km², im Winter ungefähr sechs Monate im Jahr in völliger Dunkelheit, seine Temperaturen erreichen durchschnittlich (-93,2 °C) negativ, im Sommer liegen seine Durchschnittswerte bei -10 °C in der Küstenregion und in das Innere ist -40°C, ein völlig lebensfeindlicher Ort, wo es größtenteils unbewohnt und unerforscht ist. Viele Autoren klassifizieren diesen Ort aufgrund seines sehr geringen Niederschlags als „Polarwüste", Winde von 100 km/h sind in der Antarktis üblich und dauern wochenlang an, mit Aufzeichnungen von Stürmen über 320 km/h. Seine Fauna ist auf den wissenschaftlichen Namen Pinguine (Spheniscidae) beschränkt, seine Flora hat aufgrund starker Winde, geringer Bodendicke und begrenzter Sonneneinstrahlung im Winter große Schwierigkeiten für die Entwicklung von Gemüse. Aus diesem Grund beschränkt sich die Artenvielfalt an der Oberfläche auf „minderwertige" Pflanzen wie Moose und Leberblümchen. Darüber hinaus gibt es

eine autotrophe Gemeinschaft, die von Protisten gebildet wird. Die kontinentale Flora besteht aus Flechten, Moosen, Algen und Pilzen. Wachstum und Fortpflanzung finden normalerweise im Sommer statt. Es gibt etwa 230 Flechtenarten und etwa 54 Moosarten. Auf dem Kontinent gibt es 712 Algenarten, von denen die meisten das Phytoplankton bilden. Kieselalgen und Schneealgen, mikroskopisch kleine Algen, die auf Schnee und Eis wachsen und ihnen Farbe verleihen, sind im Sommer in Küstenregionen reichlich vorhanden.

Derzeit untersuchen Wissenschaftler aus mehreren Ländern den Kontinent, um die globale Bedeutung dieses lokalen Eises besser zu verstehen. Mit diesen gesammelten Daten und mit Hilfe von Satelliten sind sie zu dem Schluss gekommen, dass eine Reihe von Besonderheiten die Region zur kältesten der Erde machen, und mit diesen Ergebnissen können wir schließen, dass dieser Kontinent alle Formen des Lebens auf der Erde erhält, einschließlich der üppigen Wälder, die Tausende von Kilometern entfernt sind. Durch das Zusammenfügen von Datenfragmenten, die von 17 verschiedenen Satelliten erhalten wurden, wurde ein mächtiges Klimasystem beobachtet, das diesen gesamten Kontinent umgibt. Ein riesiger Wirbelwind, der von der Erdrotation angetrieben wird und während die heiße und feuchte Luft in den Süden des Planeten wandert, potenziert und ein gigantisches unsichtbares System namens Polar Jet bildet. Der unerbittliche Wind treibt das Meerwasser nach unten, und der Antarktische Ozean passiert die einzige Parallele der Welt, die kein Land hat, und infolgedessen dreht sich eine immense kreisförmige Strömung unaufhörlich, dies ist die stärkste Meeresströmung auf dem Planeten, die den berühmten erschafft Sturm aus 60º Breite, der sich durch die Kombination von Wasserdampf, Wind und der Form der Erde verstärkt. Der Polar Jet ist so stark, dass er die Antarktis vom Rest der Welt isoliert und verhindert, dass Hitze und Feuchtigkeit in ihr Inneres gelangen, wodurch die trockenste und windigste Region der Welt entsteht. Hier werden die Schneestürme nicht durch die Niederschläge verursacht, die vom Himmel kommen, sondern durch die Winde, die das Eis vom Boden heben. Diese dichte und eiskalte Luft ist ein Ergebnis der Polar Jets, die den ganzen Kontinent kühlen können. Im Winter sind die Bedingungen noch härter, lösen einen lebensnotwendigen Prozess aus, der unter dem Eis abläuft. Dieser Prozess, weit entfernt und unsichtbar für die Augen eines jeden Menschen, geschieht etwas Außergewöhnliches, das sich auf die ganze Welt auswirkt. Jeden Winter in der Antarktis entstehen 25.000 Tonnen Banquisas, die ein Gebiet erreichen, das größer ist als Australien. Mit den in einem Modell platzierten Daten können wir den Verlust und die Zunahme der Kontinentalmasse in einem Zeitraum von zwei Jahren analysieren, dies ist die wichtigste jahreszeitliche Veränderung auf der Erde, die tiefgreifende Auswirkungen auf das Leben rund um den Planeten hat. Dieser ganze Prozess findet dank der physikalischen Eigenschaften von Salzwasser statt. In einem abgelegenen Küstengebiet namens Weddellmeer bilden sich eine Reihe von Pollinien, ausgedehnte Meerwassergebiete, die von Eis umgeben sind, wobei katabatische Winde das Meerwasser auf Temperaturen unter Null abkühlen. Wenn die Temperatur in der oberen Meeresschicht -1,5 ° C erreicht, ist eine gefährliche Grenze ein Kreuzzug. All dieses Kommando übernimmt nun eine andere Besonderheit des Salzwassers, an der Oberfläche beginnt das Meer zu gefrieren, Mikroskopkristalle beginnen zu wachsen und sich zu verflechten, vollständig zu gefrieren, das Wasser muss Salz loswerden, das Wasser, das flüssig bleibt, wird moresalty, bildet eine Sole, die durch die langen Röhren tropft, die durch das neu gebildete Eis entstanden sind. Diese Sole ist dichter als gewöhnliches Salzwasser und nimmt die tiefsten Räume des Ozeans ein. Dieses dichtere Wasser trägt den in der Oberflächenluft vorhandenen Sauerstoff mit sich, der in die Tiefe führt. Um vollständig zu gefrieren, muss das Wasser entsalzt werden, das Wasser, das flüssig bleibt, wird salziger und bildet eine Sole, die durch die langen Röhren tropft, die durch das neu gebildete Eis entstanden sind. Diese Sole ist dichter als gewöhnliches Salzwasser und nimmt die tiefsten Räume des Ozeans ein. Dieses dichtere Wasser trägt den in der Oberflächenluft vorhandenen Sauerstoff mit sich, der in die Tiefe führt. Um vollständig zu gefrieren, muss das Wasser von Salz befreit werden, das Wasser, das flüssig bleibt, wird salziger und bildet eine Sole, die durch die langen Röhren tropft, die durch das neu gebildete Eis entstanden sind. Diese Sole ist dichter als gewöhnliches Salzwasser und nimmt die tiefsten Räume des Ozeans ein. Dieses dichtere Wasser trägt den in der Oberflächenluft vorhandenen Sauerstoff mit sich, der in die Tiefe führt.

Die Eisbildung wird schneller und intensiver und in kurzer Zeit beginnen große Flacheisblöcke auf der Oberfläche zu schwimmen und bilden eine starre Masse. In nur sieben Tagen kann der mikroskopische Prozess bereits von Satelliten mit ihren Sensoren und U-Booten analysiert werden für diese Studie, in der Enthüllung einer außergewöhnlichen Transformation, die eine Konsequenz hat, obwohl sie vorher nie studiert werden kann. Jede Sekunde sinken 1,5 Millionen Kubikmeter dichtes und salziges Wasser in einer unkontrollierbaren vertikalen Strömung auf den Meeresgrund. Dieses Wasser breitet sich, wenn es den Meeresboden erreicht, über Hunderte von Kilometern aus und bildet einen Wasserfall auf der Kontinentalplattform , taucht ein riesiger Unterwasserwasserfall auf, der noch nie von einem Menschen gesehen wurde, mit Strömen, die dem 500-fachen der Niagarafälle entsprechen. Die Kälte,

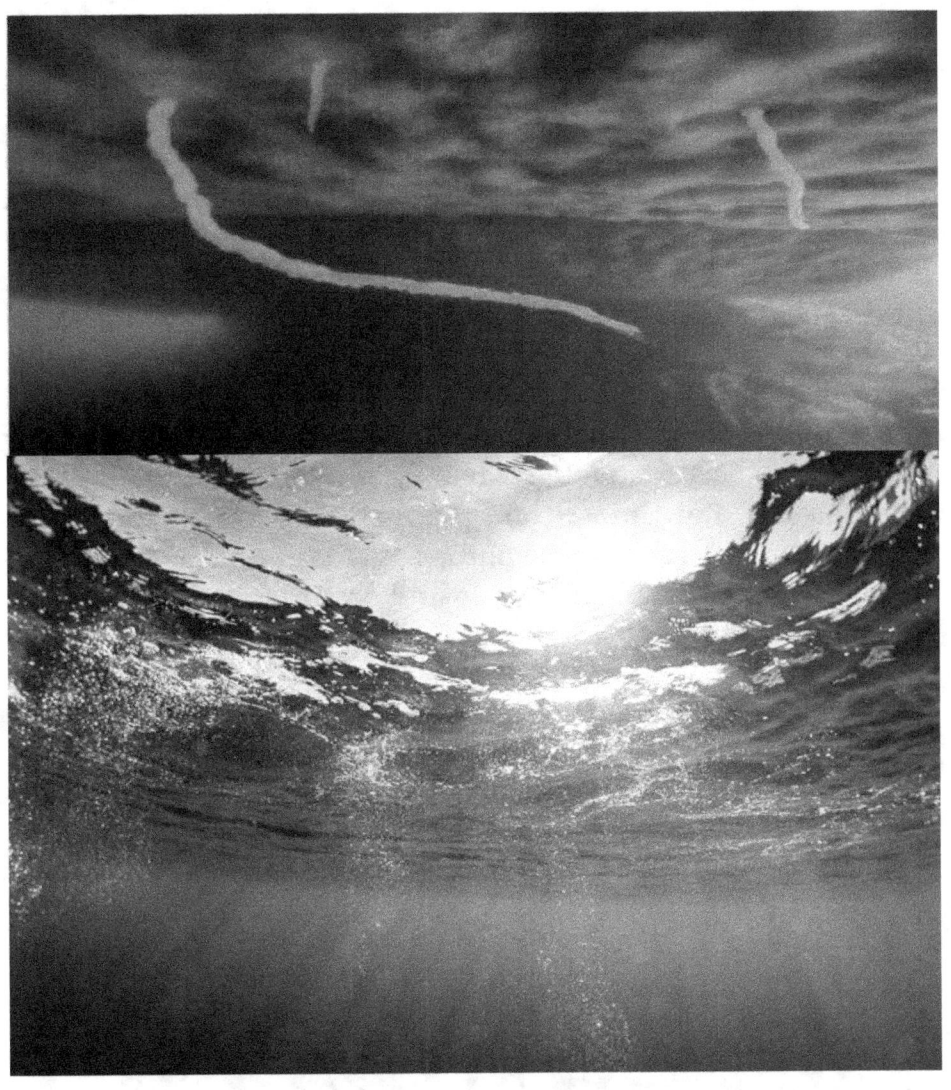

Mit einer Kombination von Daten innerhalb eines mathematischen Modells, das uns den Fluss dieses Wassers zurück zum Äquator zeigt, das in den Norden des Planeten wandert und die Ozeane kälter und unruhiger macht, reguliert dieses System die Durchschnittstemperatur um 0,5 C. Diese Stabilität ermöglicht Leben zu gedeihen, indem es vor drastischen Klimaveränderungen des Planeten geschützt wird. Wenn das tiefere Wasser schließlich an die Oberfläche zurückkehrt, kommen die heißeren und schnelleren Strömungen zusammen und werden dynamischer. Durch die Analyse zeigt sich der Ozean als eine einzige Masse in einem unaufhörlichen Wirbelsturm, die Temperaturen dieser Oberflächenströmungen variieren mit der von der Sonne empfangenen Energie und mit diesen Schwankungen werden die Dampfmengen bestimmt, die in die Luft freigesetzt werden und saisonale verursachen Veränderungen auf beiden Kontinenten und Ozeanen. Im Herbst, wenn die Golfströme kälter werden, Die Edges-Bäume ändern ihre Farbe in einen röteren Farbton und beginnen, ihre Blätter zu verlieren. Sechs Monate später beginnt auf der anderen Seite der Welt der Kuroshio-Strom, wärmer zu werden, sodass die Kirschbäume in ganz Japan blühen können. Ähnliche Prozesse finden rund um den Globus statt und bestimmen die saisonalen Zyklen fast aller Lebensformen auf der Erde.

Durch Computeranalysen können wir schlussfolgern, dass der Ozean und die Atmosphäre eng miteinander verbunden sind, ein kontinuierliches System, das durch mehr als zwölf Billionen Tonnen Wasser verbunden ist, die ununterbrochen durch die Luft schweben.

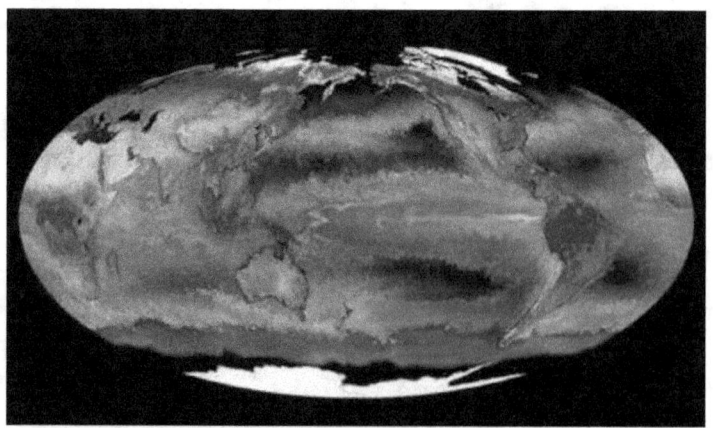

In Grün Darstellung des Wasserdampfs rund um den Planeten.

Jeder Sturm, jeder kleine Wassertropfen ist Teil dieses komplexen Getriebes, das alle Aktivitäten antreibt, die die Welt bilden, aber unsere Welt hat noch viel mehr in diesem planetarischen Mechanismus, als man denkt. Angesichts eines der gewalttätigsten Systeme der Erde durchläuft die eisige Sole der Antarktis eine weitere Transformation. Am Treffpunkt von Feuer und Wasser passiert etwas Faszinierendes, ein Prozess, der fast alles Leben auf der Welt erhält.

Im Westen Perus wird das Meer von einem Fressrausch heimgesucht... Plankton dient als Festmahl für Millionen von Sardinen und Sardellen, jeder Zwerg, Tausende von Raubfischen und Seevögeln, die in die Region einwandern, um sich von diesen Schwärmen zu ernähren, ist eins mit den größten Mengen an Meereslebewesen auf dem Planeten und wird auch zu einem äußerst attraktiven Gebiet für die Fischerei, aber dies ist viel mehr als ein reicher Ort für Fischereiaktivitäten, sondern vor allem eines der besten Beispiele dafür, wie zwei der Systeme der Erde funktionieren sind in der Lage, ein produktives Leben zu interagieren.

Das erste dieses Systems ist der Wasserkreislauf, das andere befindet sich im heißen und brodelnden Inneren des Planeten. Von hier stammen fast alle anderen für den Aufbau des Lebens notwendigen Stoffe, die Welt ist keine feste Kugel, die nur aus Steinen besteht, sondern ein brennender Kreis aus geschmolzener Flüssigkeit mit einer kalten Kruste außen. Die Oberfläche der Erde ist wie eine Beschichtung aus einem Regentropfen, von Natur aus instabil.

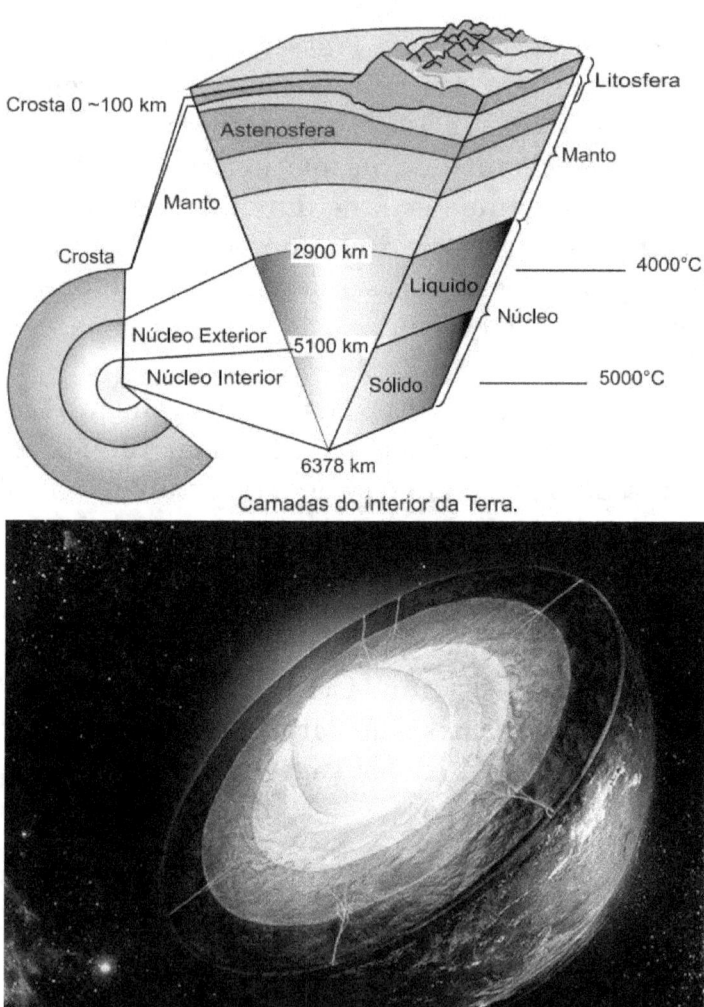

Camadas do interior da Terra.

März 2011 erschütterte ein Erdbeben der Stärke neun auf der Richterskala die Stadt Sendai, Hauptstadt der Präfektur Miyagi in Japan, das Erdbeben war so stark, dass Teile des Landes 2,5 Meter in Richtung Nordamerika geschleudert wurden. Gleichzeitig bricht ein Vulkan aus, eine riesige pyroklastische Aschewolke steigt in Richtung Stratosphäre auf. Diese heftigen Ereignisse sind nur lokale Störungen, die durch die alten und langsamen Strömungen von geschmolzenem Gestein verursacht werden zirkulieren ständig im Inneren des Planeten, versorgt durch die Abschwächung der Strahlung im Zentrum der Erde. Die Substanz, die durch die Kruste sickert, liefert grundlegende Elemente, die für das Leben notwendig sind, zwei Systeme, eines aus Feuer und das andere aus Wasser, die an mehreren Stellen interagieren, und das wichtigste Zusammentreffen von all dem findet am Meeresboden statt.

KAPITEL 3 – PLANKTONS UND PHYTOPLANKTONS

In den Tiefen des Atlantischen Ozeans, 2.500 Meter von der Oberfläche entfernt, verbirgt sich eine Kette von Unterwasservulkanen, hier wird alles von Lava und überhitzten Gasen überschwemmt, das Ende einer Reise von 25 Millionen Jahren vom fernen Erdmittelpunkt. Hier, sauer und giftig, dessen Druck hundertmal höher ist als an der Oberfläche, tritt die grundlegende Chemie des Lebens auf, Gase, die normalerweise verdampfen würden, reagieren heftig mit dem dichten und sauerstoffreichen Wasser aus der Antarktis, Meer die heißen Mineralien, die es gibt Millionen von Jahren durch das Innere des Planeten gereist sind, lösen sich im Meerwasser auf. Zu diesem Zeitpunkt gibt es eine Reaktion mit Sauerstoff und wird reich an Nährstoffen.

Das ozeanische Wasser, das jetzt mit Mineralien aus dem Inneren der Erde gefüllt ist, tritt aus den hydrothermalen Quellen aus, Lebewesen kämpfen darum, dieses Wasser zu nutzen, Bakterien sind die ersten, die diese Quellen besiedeln. Sie sind sehr fruchtbare Bedingungen für die Entwicklung dieser winzigen Organismen. Dann beginnen komplexere Lebewesen, sich von diesen Mikroorganismen zu ernähren, und sie ernähren sich wiederum von sich selbst, die Fülle ist so groß, dass eine enorme Menge von diesem Prozess übrig bleibt, sodass die Meeresströmungen den Transport des Überschusses um die Welt übernehmen, bis sie schließlich die Meeresoberfläche erreichen. Andere Strömungen erodieren die kontinentalen Massen des Planeten und extrahieren Mineralien direkt aus dem Gestein.

Zurück in den berühmten Fischgründen der peruanischen Region werden tiefe Meeresströmungen nach oben getrieben, wenn sie sich den südamerikanischen Kontinentalmassen nähern, und bringen eine Fülle von Nährstoffen mit sich. Phytoplankton, mikroskopisch kleine Pflanzenorganismen, die unersättlich Sonnenlicht und reichhaltiges Wasser verbrauchen, Kohlendioxid wird in der Luft gelöst und versorgt diese einzelligen Lebewesen mit allem, was sie zum Wachsen und zur Fortpflanzung benötigen. Zu diesem Zeitpunkt vermehren sie sich exponentiell und erreichen Milliarden von Einheiten, die von Satellitensensoren erfasst werden können.

In nur 24 Stunden werden 500 Quadratkilometer blauer Ozean grün, das Wachstum von Phytoplankton löst einen der größten Nahrungsrausch auf dem Planeten aus. Das ähnliche Auftauchen von Nährstoffen auf der ganzen Welt sorgt für das Ausblühen von mehr Plankton, das durch die höchste Technologie sichtbar wird und riesige grüne Streifen auf dem Globus erzeugt, die bis zu einem Fünftel der Ozeane erreichen.

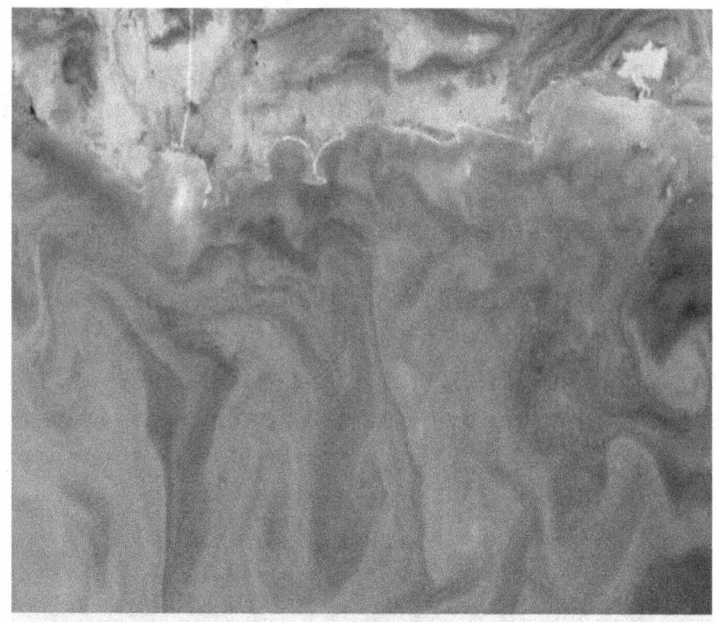

Phytoplankton is responsible for every other breath

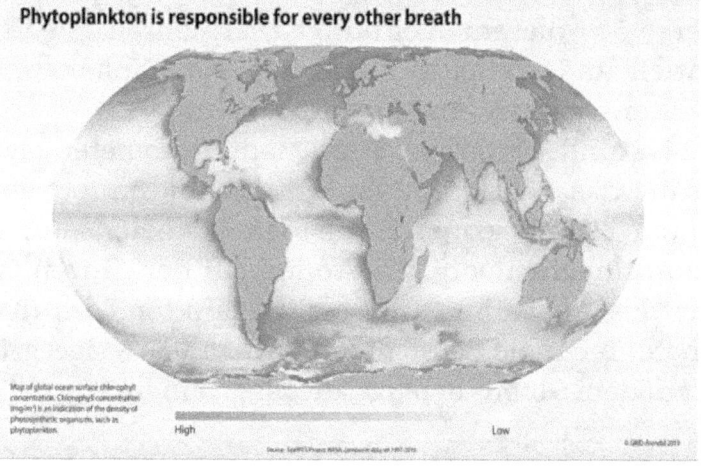

Plankton ist die Grundlage der gesamten Nahrungskette, die in der Lage ist, Mineralien von der Erde direkt zu allen Meeresbewohnern zu transportieren. Diese Mineralien, die einst Millionen von Jahren im Inneren des Planeten zirkulierten, sind heute wesentliche Instrumente für dieses Meeresgleichgewicht. In den nächsten 24 Stunden taucht das Plankton, das nicht als Nahrung diente, wieder unter und nimmt den während der Reise aufgenommenen Kohlenstoff und die Mineralien mit in die Tiefe, die Tausende von Jahren im Meeresboden verbleiben und eine dicke Schicht winziger Kadaver bilden bis zu einem Kilometer dick, werden die meisten davon in Zukunft in einer zweiten Stufe wieder auftauchen und die chemischen Substanzen liefern, die für den Fortbestand des Lebens auf der Erde notwendig sind.

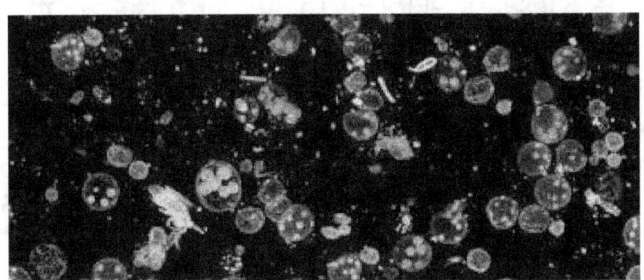

Dieser Prozess spielt eine grundlegende Rolle bei der Bildung der Nahrung, die wir konsumieren, und der Luft, die wir atmen, außerdem versorgt er das reichste Ökosystem auf der Oberfläche unseres Planeten, den Amazonaswald. Um zu verstehen, wie dieser ganze Prozess funktioniert, müssen wir uns an einen der trockensten und staubigsten Orte der Erde begeben, die gewalttätige Wüste Sahara.

Die Systeme der Erde funktionieren auf unterschiedliche Weise, einige, weil das Klima dynamischer ist, andere, da der Erdkern einige Jahrtausende braucht, um einen einzigen Zyklus zu vollenden. Mit der fortschrittlichsten Technologie können wir verstehen, wie das langsame und das schnelle Gehen nebeneinander außergewöhnliche Ergebnisse erzielen.

Die Sahara auf dem afrikanischen Kontinent ist ein trockenes Gebiet, aber einst grün und üppig, spielt sie auch heute noch eine grundlegende Rolle im Lebenszyklus der Erde. Im Monat Mai, dem Höhepunkt der trockensten Jahreszeit, reisen Reisende auf ihren Kamelen durch eine der gefährlichsten Regionen der Sahara, die Bodéle-Senke, ein uraltes Meer, das vor fünftausend Jahren ausgetrocknet ist. Die Erde namens Diatomit wird aus sehr altem Abfallplankton gewonnen, das reich an Eisen- und

Phosphorverbindungen ist, zwei essentiellen Elementen für alle lebenden Organismen. Die merkwürdigste Tatsache ist, dass dieselben Sandkörner in nur sechs Tagen einen achttausend Kilometer entfernten tropischen Wald wiederbeleben werden. Um diesen Wiedergeburtsprozess zu beginnen, ist es notwendig, dass nur eine Kieselgur-Flocke in der Luft schwebt. Die Flocke wird in ein extrem feines Pulver gebrochen und von den Winden getragen, schnell wird die Luft mit immer mehr mikroskopisch kleinen Flocken gefüllt, die durch die vom MeteoSat-Satelliten bereitgestellten Daten eine tägliche Staubbewegung offenbaren und eine gigantische Wolke erscheinen lassen, die direkt auftaucht aus der Wüste. Der Staub steigt jeden Tag mit beeindruckender Präzision genau um die Mittagszeit auf, was als mikroskopischer Prozess begann, wurde in kurzer Zeit zu einem großen Sandsturm. Hundert Stockwerke hoch und Hunderte von Kilometern breit weht jetzt die Wolke aus uraltem Plankton über Afrika, an der Westküste wird der Staub von den vorherrschenden Winden aufgewirbelt, was zu einer epischen Reise über den Atlantik führt, Satelliten verraten uns diese fünfzig - 4.000 Tonnen Staub werden jeden Tag über 8.000 Kilometer zu ihrem endgültigen Bestimmungsort, Amazonien, transportiert. Es ist hier,

Während der Regenzeit in der Region verteilt der unaufhörliche Niederschlag über den Dschungel insgesamt vierzig Millionen Tonnen afrikanischen Staubs, was einst Plankton war, setzt sich jetzt auf dem Boden ab und die Wurzeln der Bäume beleben den Wald, den Prozess der Befruchtung des Amazonas durch den Saharastaub blieb der Menschheit bis zum Aufkommen des Satelliten Erde unbekannt. Mit extrem empfindlichen Instrumenten, die in der Lage sind, nicht nur die Staubwanderung von Afrika zum Amazonas zu beobachten, sondern auch die Waldkronen durch den Weltraum zu vermessen, ist es auch möglich, eine Studiere mit dem Ende der Regenzeit in der Region und verfolge die Rückkehr der Sonne, zum ersten Mal scheint nach sechs Monaten die Sonne direkt auf den Wald. Das Ergebnis ist eine Wachstumsexplosion, für jedes Blatt kommen drei weitere in einem Zeitraum von zehn Tagen zum Vorschein, Eine grüne Welle überquert den Kontinent, die Migration von Staub von der Bodéle-Senke zum Amazonas ist nur einer von Tausenden von Prozessen. Ähnlich wie bei der Verteilung von Mineralien, die für lebende Ökosysteme auf der ganzen Welt, Wüsten, Gebirge und uralten Sedimenten unerlässlich sind, hat jedes Element seine Eigenkomposition, die die Lebenskette in den unterschiedlichsten Formen durchdringt. Jeder Teil der Seezunge rund um den Planeten hängt von diesen Prozessen ab, die großen Ebenen Nordamerikas, perfekt für die Produktion von Mais und Weizen, sind aus Gletscherablagerungen entstanden, das Delta des Flusses Ganges in Bangladesch ist reich an Eisen, das abgetragen wird Da der Himalaya eine der grundlegenden Zutaten für den Reisanbau ist, werden andere Mineralien als Folge dieses Prozesses über Luft, Wasser und Eis auf den gesamten Planeten transportiert.

Pflanzen sind nicht nur ein Produkt der Erde, sie bilden eine mächtige Kraft, die in der Lage ist, den Planeten für Millionen von Menschen zu verwandeln.

Jahren sind sie verantwortlich für die Veränderungen in der Atmosphäre und Definition des Menschen und prägen viele Aspekte unseres Körpers und Geistes.

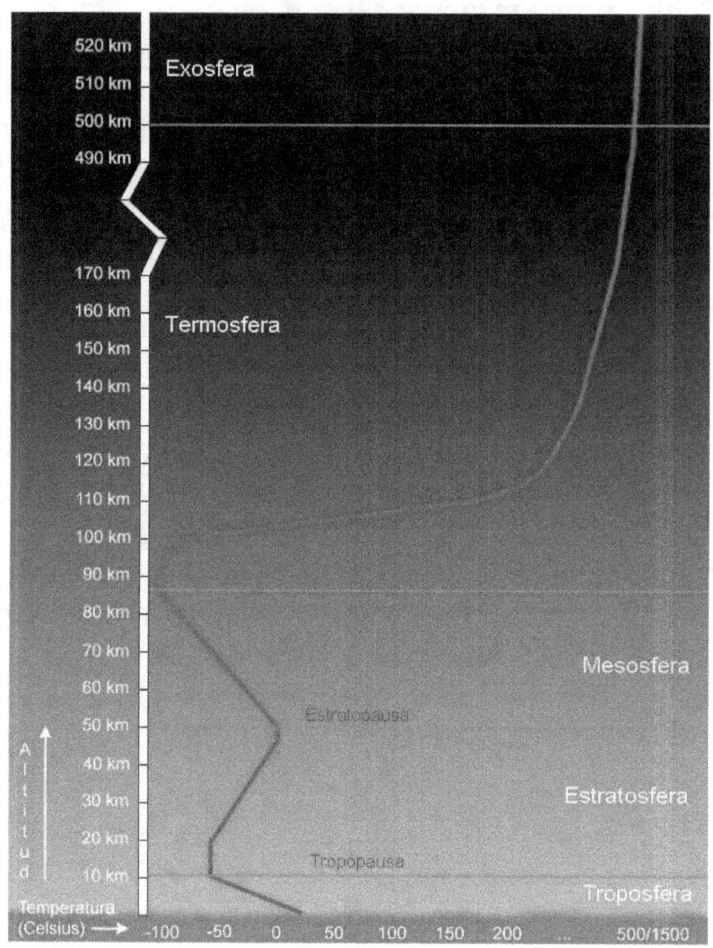

KAPITEL 4 - DER AMAZONASWALD

Ein weiterer außergewöhnlicher Prozess des Planeten, der durch die Satelliten aus den Analysen von Computern gesehen wird, zeigt eine tägliche Bewegung von unsichtbaren Sauerstoff- und Kohlendioxidpartikeln in der Luft. Diese lebenswichtigen Substanzen sind jedoch nicht das Ergebnis eines geologischen Prozesses, sondern von Billionen winziger Atemzüge. Um dieses System zu verstehen, ist es notwendig, zum Amazonas zurückzukehren, diesem feuchten Tropenwald, der etwa fünfundfünfzig Millionen Jahre alt ist, eines der ältesten lebenden Ökosysteme der Erde, seine Artenvielfalt ist so einzigartig, dass er mehr Schutz bietet als die Hälfte aller Lebewesen des Planeten. Mit einer Reichweite von sechseinhalb Millionen Quadratkilometern pures Grün. Genau wie die Antarktis und die Sahara spielt dieses uralte Ökosystem eine Schlüsselrolle bei der Entwicklung des Planeten. eine wesentliche Rolle für den Lebensrhythmus des gesamten Planeten. Hier beginnt der Prozess in den kleinen Löchern, die in den unteren Teilen der Billionen von Blättern vorhanden sind, die im Wald existieren.

Tagsüber absorbieren die Blätter das in der Luft vorhandene Kohlendioxid, wandeln es in Zucker um und setzen das flüchtige Gas frei, das wir Sauerstoff nennen.

Evapotranspirationsprozess

Ein einziger Baum ist im Laufe seines Lebens in der Lage, Millionen Kubikmeter dieses kostbaren Gases freizusetzen, das der Amazonas täglich verarbeitet, ein Fünftel des gesamten Sauerstoffs der Welt.

Jahrzehntelang galt sie als Lunge der Welt, nun wird bei aller Computer- und Satellitentechnik allmählich klar, dass nichts an den irdischen Planetensystemen einfach ist. Aus der Analyse des Erdsatelliten konnte nachgewiesen werden, dass der größte Teil des tagsüber produzierten Sauerstoffs nachts vom Wald selbst wieder aufgenommen wird, es braucht einen weiteren Schritt, bis der überschüssige Sauerstoff freigesetzt wird.

Alle 24 Stunden werden zwei Millionen Tonnen Sedimente aus dem Wald in den riesigen Amazonas transportiert, diese Sedimente wandern sechstausend Kilometer nach Osten und erreichen das Delta des Amazonas, wo das im Wasser vorhandene Plankton die Sedimente mit mehr Sonnenlicht absorbiert und mehr Kohlendioxid in der Luft, explodiert die

Planktonpopulation erneut. Die Menge an Sauerstoff, die das Plankton freisetzt, hat ein gigantisches Volumen, das von unseren Satelliten aus dem Weltraum beobachtet werden kann. Die Hälfte des in der Atmosphäre vorhandenen Sauerstoffs stammt von Plankton, diese kleinen Kreaturen sind die wahren Lungen der Erde.

Planktons halten die Atmosphäre in perfektem Gleichgewicht und dieser Prozess ermöglicht das nächste Glied in der Lebenskette.

Eine Atmosphäre, die reich an flüchtigem Sauerstoff ist, ermöglicht dynamischere und komplexere Kreaturen, die sich schnell mit Schwänzen, Flügeln, Armen und Beinen bewegen können. In Wirklichkeit bestimmt das Gleichgewicht der Gase in der Luft nicht nur die Größe unseres Körpers, sondern fast alles, was wir sind. Sauerstoff hat jedoch auch eine negative Seite, seine extreme Flüchtigkeit kann heftige und unkontrollierbare Reaktionen hervorrufen, und die unerbittlichste davon ist Feuer, dieses kleine Detail zeigt uns nur einen kleinen Teil des komplexen Systems, das der Planet Erde ist.

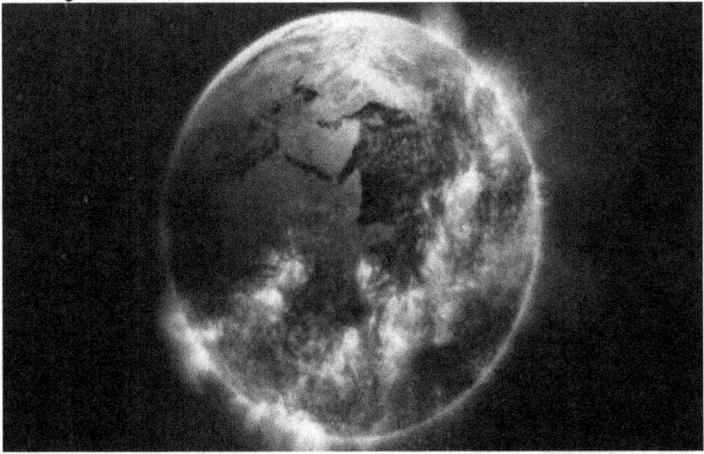

KAPITEL 5 – DAS FEUER

Oktober 2013, ein gewaltiges Feuer bestraft Kanada, genauer gesagt im Yukon-Territorium, einem Gebiet mit einer eigentümlichen Geografie, einer bergigen, wilden und dünn besiedelten Region, die den Kluane-Nationalpark beherbergt und den Mount Logan, den höchsten Gipfel des Landes, als Reserve beherbergt sowie Gletscher, Wanderwege und den Fluss Alsek. In weniger als einer Woche verwüsten Flammen 25.000 Kilometer Wald, gleichzeitig vernichtet in Sibirien ein weiteres Feuer 4.000 Hektar Wald. All dies ist eine kleine Kostprobe der einzigartigen Kraft des Feuers auf der ganzen Welt.

Jeden Tag wird die Erde von riesigen Bränden verwüstet, die von unseren Modellen als große rote Flecken analysiert werden. Feuer ist eines der außergewöhnlichsten Systeme auf der Erde und spielt eine wesentliche Rolle im Lebenszyklus des Planeten.

Boreal Forest, Nordkanada ist möglich Vlies in Aktion, dieser üppige Fichtenwald hat eine ganz besondere Beziehung zum Feuer, hier tötet und betäubt die extreme Kälte die meisten Bäume, die in diesen Stämmen gefangen sind, die für die Entstehung von Neuem notwendig sind Unter diesen Bedingungen würde dieser Prozess jedoch Hunderte von Jahren dauern, aber in Gegenwart von Feuer könnte er innerhalb weniger Stunden ausgelöst werden.

Tannenwald (Kanada)

Die meisten natürlichen Brände entstehen durch zufällige elektrische Entladungen vom Himmel, die Fichten sind ein perfekter Brennstoff für Feuer, ihre Verbrennung ist einfach und schnell, so dass ein kleiner Funke sie in Flammen aufgehen lassen kann. Auf diese Weise macht der flüchtige Sauerstoff seinen tödlichen Schlag rückgängig, der heiße Sauerstoff bindet an die im Holz der Bäume vorhandenen Kohlenstoffatome und erzeugt mehr Wärme, was die Bindung von Sauerstoff mit neuen Kohlenstoffatomen beschleunigt und viel mehr Wärme erzeugt, wodurch die Flammen intensiver werden . Da das Feuer alles um sich herum verschlingt, wird die in den Pflanzen gespeicherte Sonnenenergie freigesetzt, das ist die Dynamik des Feuers.

Eine brennende Flamme zu beobachten bedeutet, die Kraft der Sonne zu sehen, die sich innerhalb weniger Stunden von dem Leben befreit, das sie lange Zeit gefangen gehalten hat, was mit einem kleinen Funken beginnt und Hunderte von Hektar Wald in Flammen aufgehen lässt. Die organische Substanz, die diese Bäume Hunderte von Jahren gespeichert haben, verwandelt sich schnell in Asche, diese Flammen beseitigen tote und kranke Organismen aus dem Wald, indem sie sie recyceln und ihre Mineralien dem Boden zuführen.

Wenn wir das Feuer dieses Prismas beobachten, ist es nichts weiter als der Teil einer Wiedergeburt und Regeneration. Feuer gibt es seit der Evolution der Pflanzen, zur gleichen Zeit, als sie begannen, Sauerstoff zu produzieren, ermöglichten sie die Produktion der für die Verbrennung notwendigen Substanzen, außerdem ermöglichten sie die Existenz von Feuer, viele Pflanzen sind auch davon abhängig, die Tannen, zum Beispiel so entwickelt, dass sie ihre Samen inmitten der Asche freisetzen, die sich nach einem Brand im Boden ansammelt.

Durch die Satelliten in der Erdumlaufbahn ist es möglich, die Auswirkungen von Bränden auf der ganzen Welt zu visualisieren, was nach jedem von ihnen die Tendenz zu einem neuen Wachstum des Lebens, der Erhaltung der Gesundheit und der Förderung der Regeneration verschiedener Ökosysteme folgt der Welt und vermeidet auf einzigartige Weise ihre Stagnation.
Satelliten zeigen uns, wie Feuer, Klima, Wasser und Eis für die Aufrechterhaltung des Lebenszyklus verbunden sind, alles ist in einem tausendjährigen und vollständigen System miteinander verbunden, aber dies ist nur der Anfang der Entdeckungen, die durch die neuen Technologien gemacht werden. Damit sind wir in der Lage, jede äußere Reaktion zu analysieren, zu erforschen und zu identifizieren, die uns mit Überzeugung zeigt, dass kein Element einen größeren Einfluss auf den Planeten ausüben kann als die Sonne.

JOSÉ RUIZ WATZECK

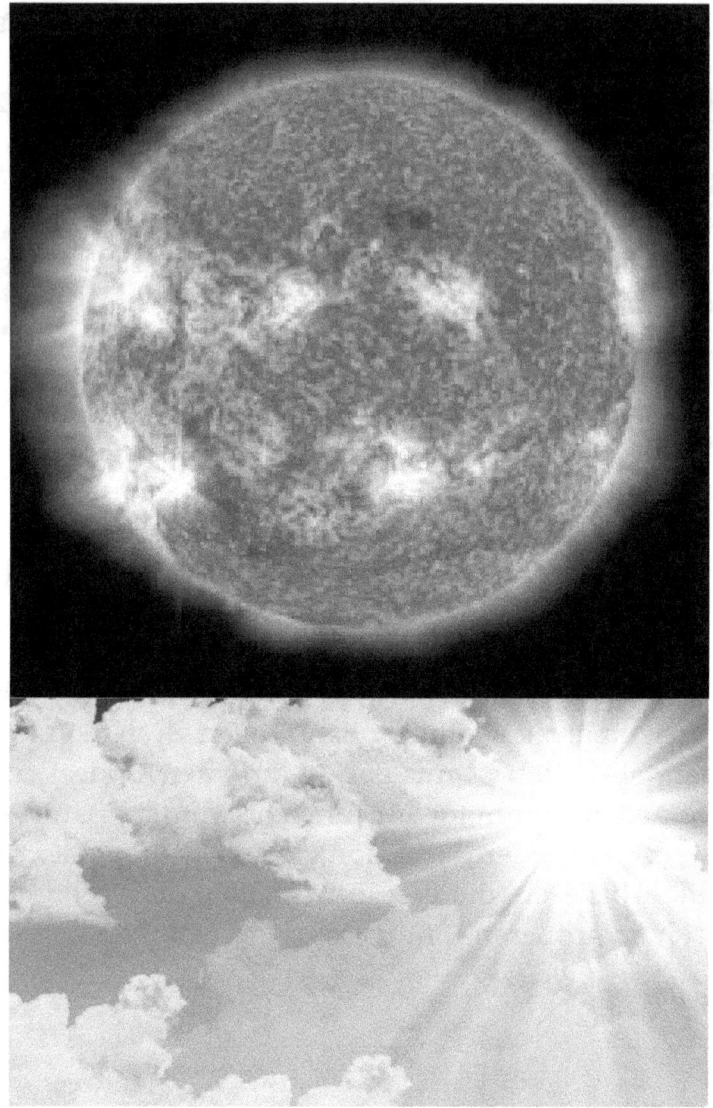

KAPITEL 6 - DIE SONNE

Während der 24 Stunden, die die Erde für ihre Rotationsbewegung benötigt, reagiert sie auf die außergewöhnlichen Kräfte der Sonne, in die täglich 170 Millionen Gigawatt (GW) fließen, was dem siebentausendfachen Energieverbrauch der Menschheit entspricht Oberfläche des Planeten und löst eine unaufhörliche Aktivitätswelle aus.

Pflanzen und Plankton beginnen im Morgengrauen mit der Photosynthese, indem sie mit Sonnenlicht Zucker und Stärke produzieren, die die Grundlage der Nahrungskette und die Hauptenergiequelle für fast alle Lebewesen darstellen.

Sonnenlicht kontrolliert nachts Wind und Wetter rund um den Globus, wenn die Luft abkühlt, werden viele Regenfälle ausgelöst. Auch wir sind Teil dieses circadianen Zyklus und reagieren auf den Energiefluss, der täglich von der Sonne kommt. Um Vitamine in der Haut zu produzieren, brauchen die Zellen unseres Körpers Sonnenlicht, auch die Flugrouten weisen eine enge Beziehung zur Sonne auf, morgens fliegen die Flugzeuge nach Westen, um den Tag zu verlängern, und in Nachtflügen nach Osten, um den Tag zu verlängern Zweck, die Nacht zu verkürzen.

Die Ironie ist jedoch, dass die Bedrohung für dieses harmonische System von demselben Ort ausgeht, der seine Existenz ermöglichte, der von der Sonne ausgestrahlten Energie.
Basierend auf den Analysen des SDO-Satelliten, einer

Infrarotaufzeichnung der von unserem Stern freigesetzten Strahlung, werden diese gründlich untersucht. Geladene Teilchen, Protonenfraktionen, Elektronen und Neutronen werden ständig zusammen mit riesigen Impulsen elektromagnetischer Strahlung verworfen.

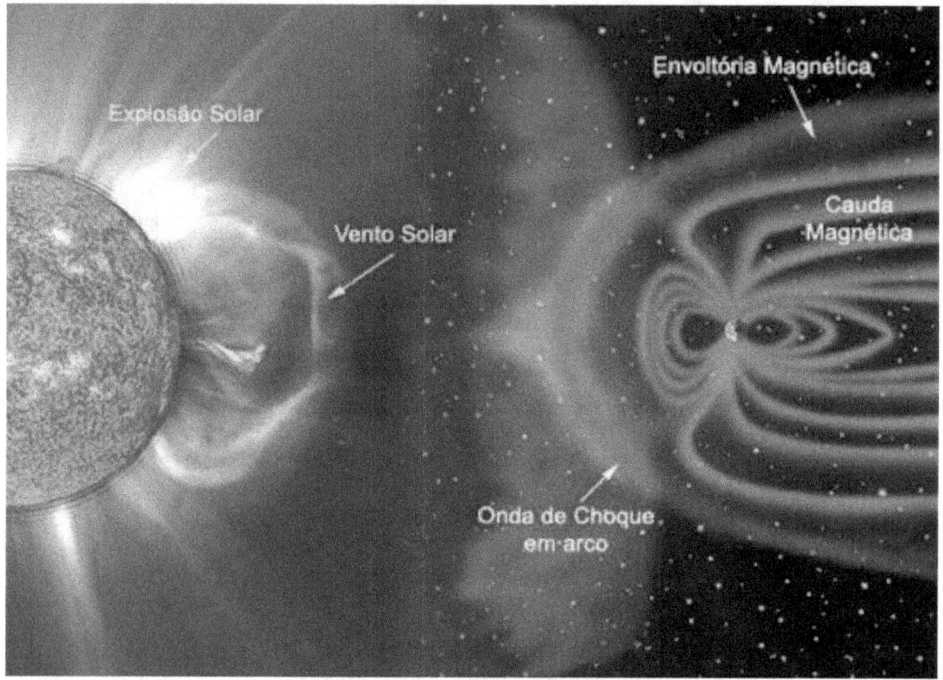

Sporadisch wirft die Sonne koronale Massenauswürfe ab, mit einem Supercomputer war es möglich, die Bilder einer riesigen Plasmawolke Millionen Kilometer lang in Richtung Erde zu verfolgen.

Wenn diese Sonnenteilchen auch nur für einen Augenblick die Erdoberfläche erreichen könnten, würden sie fatale Mutationen in der DNA (Desoxyribonukleinsäure) aller Lebewesen hervorrufen und ernsthafte Probleme auf unserem Planeten verursachen. Glücklicherweise kann sich der Planet selbst verteidigen.

Unser Planet ist von einem unsichtbaren Kraftfeld namens Magnetosphäre umgeben, mit Bildern von fünf magnetisch synchronisierten Satelliten, diesem technologischen Netzwerk namens Themis. Eine Weltraummission, die ursprünglich eine Konstellation von fünf Satelliten sein sollte, die wie folgt identifiziert wurden:

THEMIS A, THEMIS B, THEMIS C, THEMIS D und THEMIS E würden die Abgabe von Energie aus der Magnetosphäre der Erde untersuchen, bekannt als Unterstürme, Himmelsphänomene, die das Auftreten von Polarlichtern in der Nähe des Nord- und Südpols verstärken.

Derzeit verbleiben drei der Satelliten im Orbit derErde,zwei von ihnen wurden umgeleitet Nähe DieMondOrbit.Gestartet im 17Februar 2007von der Luft- und Raumfahrtstartbasis anCape Canaveral,Vereinigte Staaten, an Bord einesDelta IIRakete. Jeder Satellit trägt identische Instrumente, einschließlich eines Fluxgate-Magnetometers (FGM), an elektrostatischAnalysator (ESA), ein FestkörperTeleskop (SST), ein Suchspulenmagnetometer SCM) und ein elektrisches Feldinstrument (EFI). Jeder hat eine Masse von 126 kg, einschließlich 49 kg Kraftstoff.

Sie offenbarten uns unser Kraftfeld, das ständig von der Sonne bombardiert wird, die Form des Feldes wird nur durch die starken Strahlungsangriffe geformt, eine Nebellagune von 320 Kilometern Durchmesser, Welle um Welle erreichen die Sonnenteilchen die Magnetosphäre, die meisten von ihnen werden abgelenkt, aber wenn das Feld von einem koronalen Massenauswurf getroffen wird, schaffen es die geladenen Teilchen, ihre äußere Schicht zu durchbrechen, und sobald sie den Schild überqueren, sind sie frei für ihren Vormarsch auf den Planeten. Das Magnetfeld lenkt die Partikel zu den Polen, wodurch eines der beeindruckendsten Schauspiele der Natur entsteht, das Nordlicht und das Südlicht, besser bekannt als Auroras Boreais und Auroras Austrais. Im Bild unten ist es möglich, die zweite Verteidigungsschicht der Erde zu analysieren.

Riesige Plasmastreifen bilden eine nach unten gerichtete Strömung, die die Pole des Planeten umgibt, wenn sie schnell die obere Schicht der Atmosphäre erreichen, sie bewegen die Luftmoleküle, wodurch sie zu leuchten beginnen, Sauerstoff strahlt die Farben Rot und Grün und Stickstoff strahlt die Farbe blau. Eine Energie, die in der Lage ist, alles Leben auf der Erde zu modifizieren, wird von der oberen Schicht der Atmosphäre abgeführt, so dass sich der Planet seit Millionen von Jahren vor der tödlichen Sonnenstrahlung schützen kann. Aber selbst mit diesem außergewöhnlichen Apparat ist es nur ein Teil davon, wie die Atmosphäre das Leben auf der Erde schützen kann.

EIN LEBENDER ORGANISMUS NAMENS ERDE

Bilder der Magnetosphäre der Erde

Weit unten existieren noch leistungsfähigere Systeme, ohne die kein Leben möglich wäre.

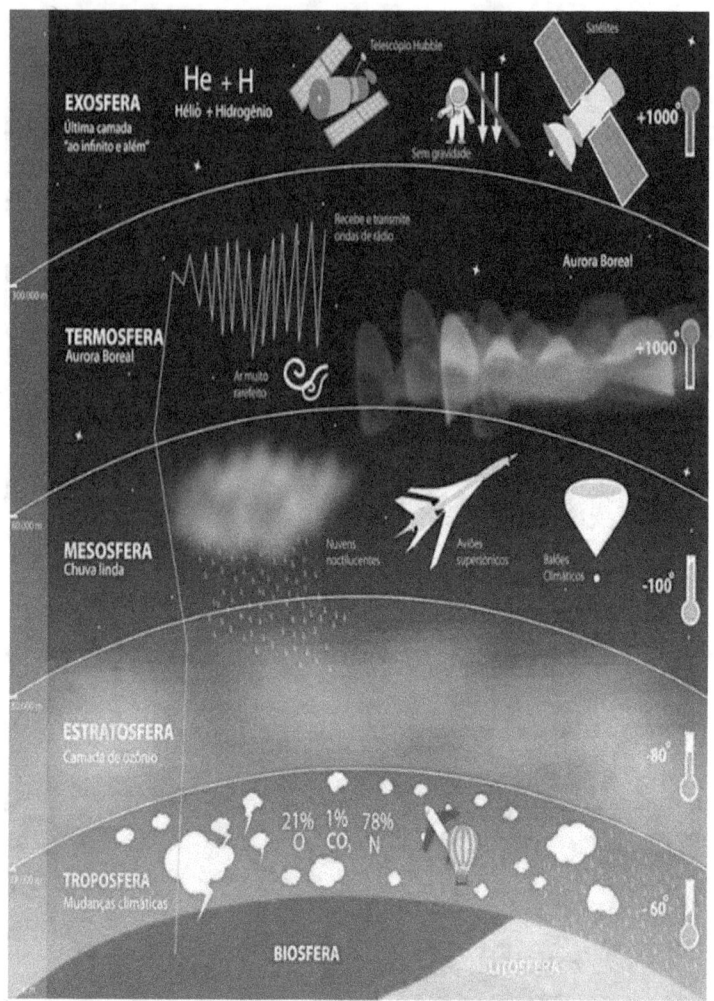

KAPITEL 7 - DIE ERDATMOSPHÄRE

Die Erdatmosphäre ist eine sehr empfindliche Ressource, eine dünne blaue Hülle, die in der Lage ist, unsere gesamte Welt einzukapseln. Diese dünne Schicht aus Sauerstoff und Stickstoff ist einem intensiven Bombardement mit Sonnenlicht und Hitze ausgesetzt, Kräften, die im Falle einer Unkontrollierung die gesamte Atmosphäre zerstören können.

Nachts untersuchen diese Satelliten mittels Blitzen das Rauschen der Erde. Mit der Unterstützung von Astronauten der Internationalen Raumstation (ISS) liefern sie beeindruckende Daten über eine häufige Intensität von Gewittern. Warum braucht und produziert der Planet diese Phänomene?

Mit dem Einsatz von Spitzentechnologie wird diese Antwort deutlich; Die Erdatmosphäre ist auf der Suche nach einem Gleichgewicht. Jeden Tag erzeugt die kombinierte Kraft von Dampf und Sonnenlicht vierzigtausend Wolken, die mit einer immensen Menge an elektrischer Energie aufgeladen sind. Alle 30 Minuten kann eine mittelgroße Wolke 100 (MW) Megawatt erzeugen, genug Energie, um die Stadt Campinas eine Minute lang zu versorgen. Um sich auszugleichen, entlädt die Wolke negative Energie in Form von Blitzen an den Boden und setzt gleichzeitig eine positive Ladung frei.

Nach oben zum Himmel, aus jeder Wolke entsteht eine riesige Ladungssäule, diese unsichtbare Kraft bewegt sich mit fast Lichtgeschwindigkeit in Richtung der äußeren Schicht der Atmosphäre, der Ionosphäre.

Diese Schicht besteht aus einem dünnen Schleier, der im Wesentlichen aus (H)-Wasserstoff und (He)-Helium besteht. Mit den von Satelliten gelieferten Daten ist es möglich, die Wechselwirkung elektrischer Ladungen mit diesem extrem verdünnten Feld zu sehen. Die Ionosphäre fungiert als elektrischer Leiter und verteilt die Ladung über den ganzen Planeten.

Jetzt wissen wir, dass das Leben ohne diesen globalen Stromkreis unmöglich wäre.

All dies ist auf eine außergewöhnliche chemische Reaktion zurückzuführen, die in den Wolken stattfindet, die mit dem Auftreten von Blitzen aufgeladen sind. Die elektrische Ladung innerhalb der Wolke wächst dadurch extrem stark
Die Luft wird in Ionen zerlegt, wodurch ein winziger Pfad entsteht, durch den ein elektrischer Strom fließt. Innerhalb von Tausendstelsekunden wird ein Strahl abgefeuert, dessen Dicke etwa der eines menschlichen Daumens entspricht, dessen Temperatur jedoch fünfmal höher ist als die der

Sonnenoberfläche. Beim Durchqueren der Luft zerstört dieser brennende Energiestrahl die Moleküle von (N)-Stickstoff, der (O)-Sauerstoff bindet an (N)-Stickstoff, wodurch eine Substanz namens (*NR. 3*) Nitrat.

Täglich etwa vierzehntausend Tonnen (*NR. 3*) Nitrat werden um die ganze Welt transportiert, wobei der Regen, den diese Substanz auf dem Boden verteilt, ein wesentliches Element für fast alle Lebensformen auf der Erde ist, von der Photosynthese von Pflanzen bis zur Atmung komplexerer Organismen.

Nitrat (*NR. 3*) treibt seit Millionen von Jahren die wichtigsten chemischen Reaktionen für Lebewesen an. Mit den täglich eintreffenden Daten können wir auf einen komplizierten Mechanismus schließen, der das Leben in jedem Moment konfiguriert und neu konfiguriert und den Herzschlag jedes Menschen auf dem Planeten antreibt. Was noch mehr fehlt, ist ein Teil dieses komplexen Systems, das die tiefgreifende und unbestreitbare Folge einer einzigen Tierart, der menschlichen Rasse, ist.

KAPITEL 8 - MENSCHEN

Aus all diesen Technologien wurde uns ein verborgenes und komplexes System offenbart, das sich auf allen Ebenen miteinander verflochten hat, extrem langsame Prozesse, die sich mit anderen verbinden, die innerhalb von Millisekunden ablaufen, endlose Zyklen von Tod, Zersetzung, Regeneration und Wiedergeburt erfüllen die Welt.

Von der unerbittlichen Kraft der Sonnenenergie und des Wassers, von den elektromagnetischen Kräften, die um uns herum wirken, offenbart uns jede Interaktion eine Harmonie und ein präzises Gleichgewicht. Die Menschheit ist das neueste Naturphänomen, wir sind die direkte Folge eines Systems, das seit 3,5 Milliarden Jahren Leben schaffen und erhalten kann. Wir haben Intelligenz entwickelt und diese Tatsache hat es uns ermöglicht, Beiträge zu den ältesten Prozessen zu leisten, die auf der Erde existieren. Die Menschheit hat einen Planeten transformiert, indem sie dasselbe komplexe System erforscht hat, aus dem sie entstanden ist.

Unsere Fähigkeit, Ökosysteme zu kontrollieren, hat es unseren Zivilisationen ermöglicht, schnell zu wachsen und zur dominierenden Spezies zu werden. Heute ist es möglich, den Einfluss der Menschheit zu sehen, nicht nur und 82% der terrestrischen Gebiete, sondern auch rund um den Weltraum, mit Reisen zum Mond und mit der Internationalen Raumstation (ISS), jetzt beginnen wir endlich zu verstehen, wie unsere Welt Werke und welchen Platz wir darin einnehmen.

Dies ist der entscheidende Moment in der Geschichte der Erde, indem wir den Planeten durch die höchste Technologie beobachten, ist es möglich zu sehen, dass wir zu einer globalen Kraft geworden sind, wir produzieren bereits mehr (*NR. 3*) Nitrat als Blitze, wir setzen mehr Schwefel in die Luft frei als alle Vulkane der Welt, wir emittieren mehr Kohlendioxid als der gesamte Amazonas, unsere Städte produzieren Staub, nutzen Gewitter und beeinflussen Niederschlagssysteme.

Wir haben die Macht, große Teile der Erdzyklen zu beeinflussen, durch Analyse kann der Einfluss der Menschheit als ein natürlicher Prozess betrachtet werden.

Die von Flugzeugen, Autos, Kraftwerken usw. freigesetzten Gase sind Auswirkungen eines Tieres, das die Erde selbst hervorgebracht hat.

Es gibt jedoch einen grundlegenden Unterschied, im Gegensatz zum Vulkanismus, den Bewegungen von Meeresströmungen oder dem von Wäldern oder Plankton freigesetzten Sauerstoff, besitzen wir die Gabe des freien Willens, die Technologien, die uns nicht nur die Auswirkungen ermöglichen, die wir in der Welt verursachen, sie helfen uns auch bewusste Entscheidungen über den kontinuierlichen Verbrauch der Ressourcen unseres Planeten zu treffen. Unsere neuen technologischen Augen lehren uns, das Gleichgewicht aufrechtzuerhalten, das in der Lage ist, die natürliche Welt zu erhalten.

EIN LEBENDER ORGANISMUS NAMENS ERDE

Bibliografische Referenzen

Autonomie der Brasilianischen Weltraumorganisation des Ministeriums für Wissenschaft, Technologie und Innovation

Antarktisches Glaziologieprogramm. Die National Science Foundation. Konsultiert am 19. August 2009. Kopie eingereicht am 25. Oktober 2019.

Europäische Weltraumorganisation ESA

ESA-Portal – Satelliten bezeugen die niedrigste arktische Eisbedeckung in der Geschichte" (auf Englisch). European Space Agency. 14. September 2007. Konsultiert am 26. Juli 2019

Evidence of Ancient Martian Life in Meteorite ALH84001?" (auf Englisch). National Aeronautics and Space Administration. Konsultiert am 26. August 2009. Abgelegt vom Original am 25. August 2019.

Glomsrød, Solveig et alii. "Arktische Volkswirtschaften innerhalb der arktischen Nationen". In: Glomsrød, Solveig; Duhaime, Gerhard; Aslaksen, Iulie (Hrsg.). Die Wirtschaft des Nordens. Statistik Norwegen, 2015, S. 37-78

JAXA - Japan Aerospace eXploration Agency

NASANationale Luft- und Raumfahrtbehörde

Neil Glaser von AberystwythUniversität. „Einsturz des antarktischen Schelfeises wird auf mehr als den Klimawandel zurückgeführt. Konsultiert am 20. August 2019. Kopie eingereicht am 25. Dezember 2015.

NOAA National Oceanic and Atmospheric Administration

Satelliten sehen beispielloses Schmelzen des grönländischen Eisschilds - NASA Jet Propulsion Laboratory". NASA. 24. Juli 2012. Konsultiert am 26. Juli 2019.

Science in Antarctic" (in englischer Sprache). Antarctic

Connection. Konsultiert am 4. Februar 2020. Abgelegt vom Original am 7. Februar 2006.

Das antarktische Ozonloch, NASA Advanced Supercomputing Division (NAS)".Nas.nasa.gov. 26. Juni 2001. Konsultiert am 7. Februar 2020. Kopie eingereicht am 3. April 2009.

http://www-loa.univ-lille1.fr/

https://aqua.nasa.gov/

https://aura.gsfc.nasa.gov/index.html

https://cloudsat.atmos.colostate.edu/

https://terra.nasa.gov/

https://www.nasa.gov/mission_pages/sdo/main/index.html

https://www-calipso.larc.nasa.gov/

www.ingramcontent.com/pod-product-compliance
Lightning Source LLC
Chambersburg PA
CBHW071122240526
45465CB00022B/762